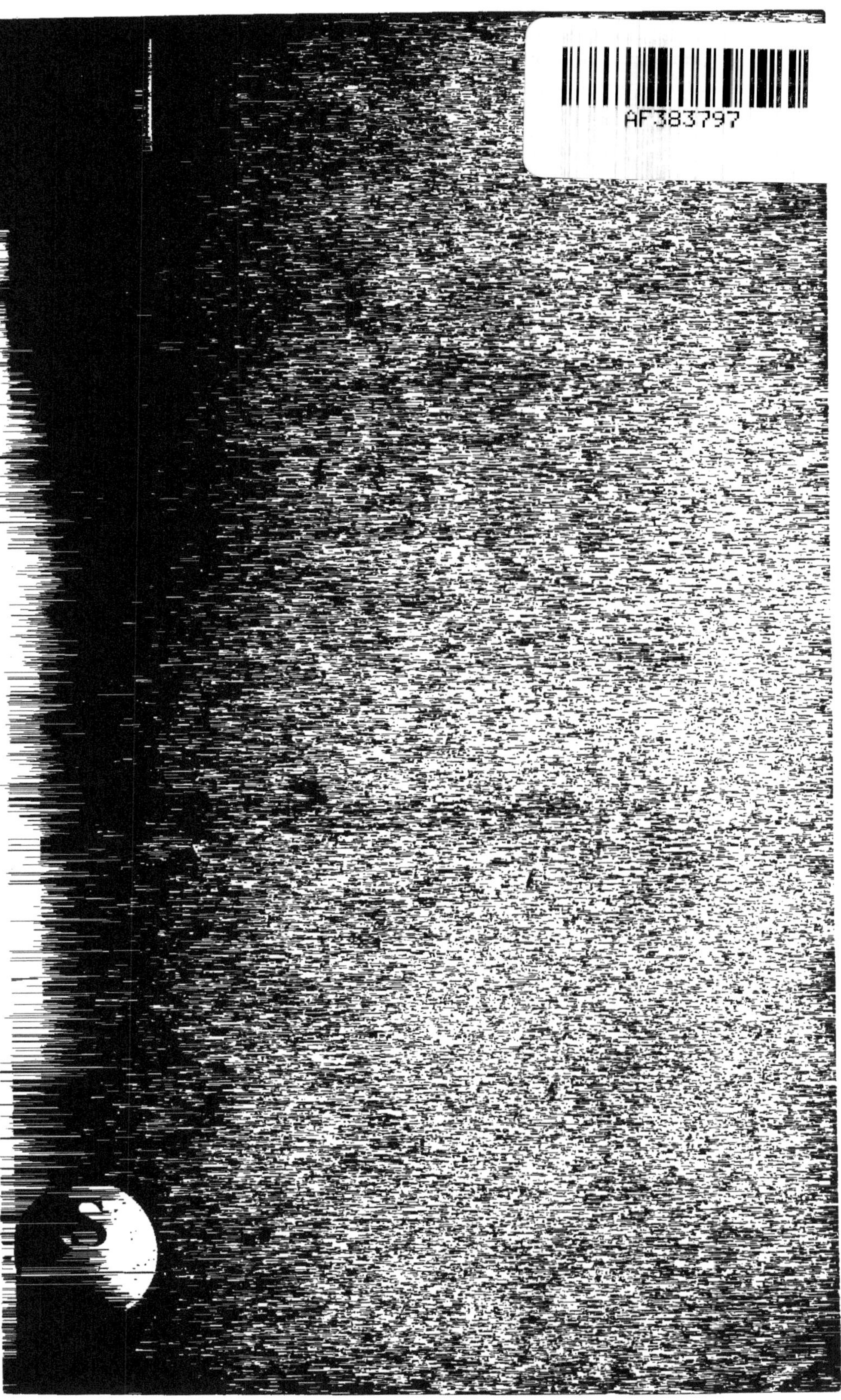

AF383797

26669

TRAITÉ

SUR

LA CULTURE DU MURIER

ET

SPÉCIALEMENT SUR LA TAILLE

QUI CONVIENT A CET ARBRE DANS LES RÉGIONS TEMPÉRÉES.

Par M. L. A. Duvernay aîné,

Membre de la Société d'agriculture de St Marcellin (Isère).

A GRENOBLE,

CHEZ BARATIER FRÈRES ET FILS IMPRIMEURS-LIBRAIRES.

—

1843.

BIBLIOTHÈQUE ROYALE

GRENOBLE, IMPRIMERIE DE C.-P. BARATIER.

TRAITÉ

SUR LA CULTURE DU MURIER

ET

Spécialement sur la Taille

QUI CONVIENT A CET ARBRE DANS LES RÉGIONS TEMPÉRÉES.

CHAPITRE I (1).

N° 1. IL existe un excellent Traité sur l'éducation des vers à soie, celui de *Dandolo*. Nous n'en possédons pas d'aussi complet et d'aussi précis sur la culture du mûrier. Dandolo recommande l'ouvrage de *Verri*, auteur italien ; mais Verri lui-même, après avoir traité avec succès de la manière d'élever les jeunes arbres, déclare qu'il n'a

---

(1) On trouvera peut-être à propos de commencer à prendre une idée du plan et de l'ordre qui a été suivi, par l'inspection de la table des chapitres. Un ouvrage didactique se fixe d'autant mieux dans la mémoire, que sa division est plus simple et plus naturelle,

pas assez d'expérience pour prescrire des règles aussi sûres et aussi étendues sur la culture et la taille des arbres déjà formés.

2. L'ouvrage que M. *Charrel*, pépiniériste à Voreppe, vient de publier, se recommande, à la vérité, par de savantes dissertations sur les espèces et variétés, et par l'enseignement de beaucoup de choses utiles ; mais la taille qu'il prescrit diffère de la nôtre : sa pratique paraît d'ailleurs trop compliquée pour le cultivateur. Cependant son livre, plus complet dans les parties autres que celles de la taille, peut être étudié avec fruit. Persuadé que ceux qui cultivent le mûrier voudront se le procurer, je m'étendrai beaucoup moins sur les objets qu'il a traités à fond.

3. Les autres ouvrages que j'ai lus sur cette partie importante de l'agriculture m'ont paru bien vagues, et présenter dans la pratique des incertitudes à chaque pas. Quel parti prendra-t-on, par exemple, après ce précepte souvent répété : « il faut tailler la jeune branche à une longueur convenable ? » Si le lecteur savait précisément ce qu'il est convenable de faire, il n'aurait pas besoin de livre. J'ai surtout été surpris de la confusion des termes, les mêmes mots désignant, dans ces auteurs, des opérations bien différentes, qu'il est cependant très nécessaire de distinguer.

4. Pour ne pas tomber moi-même dans ce grave in-

convenient, je donne en commençant des définitions qui fixeront invariablement le sens que j'attache au nom de quelques opérations les plus usuelles.

5. Le principal motif qui m'engage à publier ce petit ouvrage est d'étendre la culture du mûrier à des contrées plus tempérées que le midi de la France. Il m'a paru que les auteurs qui ont écrit sur cet arbre ont eu en vue un climat plus chaud que celui où l'on peut encore le cultiver avec avantage. Dans les pays tempérés, il ne faut pas autant tailler le mûrier, qui pousse moins, quoique le tailler trop peu le rend tellement buissonneux, qu'il devient difficile d'y cueillir la feuille, et que les pousses sont si multipliées et si chétives que l'arbre dépérit.

6. Je laisse aux auteurs dont j'ai parlé le soin d'avoir tracé l'histoire du mûrier, je n'aurai moi-même que la pratique en vue.

7. Le mûrier ne demande pas une taille aussi fréquente que celle des pêchers et autres arbres en espalier; il en exige cependant beaucoup plus que les autres arbres en plein vent. La plupart des grands arbres des champs, le noyer par exemple, ne demandent pas à être *taillés*; il suffit de les *élaguer* ou *nettoyer*, c'est-à-dire, de *supprimer* les branches inutiles ou mal placées, sans *raccourcir* celles qu'on laisse; faire autrement, ce serait les mutiler et arrêter leur accroissement.

8. Ceux qui ne sont versés que dans l'art de tailler

les arbres *fruitiers* trouveront nos principes bien différents des leurs. Cela doit être, car le but est tout autre. Ils travaillent à avoir moins de bois et plus de fruits ; et nous, à n'avoir que du bois et des feuilles. Leurs efforts tendent à prévenir la naissance des branches gourmandes, et à convertir les branches à bois en branches à fruits, qui sont toujours plus faibles et plus menues ; sur les mûriers, au contraire, la taille doit être dirigée de façon à obtenir des pousses toujours fortes et vigoureuses. Il suit de là que le jardinier, qui ne connaît pas la taille spéciale des mûriers, les voit promptement dépérir entre ses mains. On sait au reste que, même parmi les arbres fruitiers, chaque espèce, ayant une manière différente de pousser, doit recevoir une différente taille. Cependant, que de gens se mêlent de tailler des arbres sans connaître la diversité de leur végétation, et sans pouvoir par conséquent prévoir ce qui résultera de leur opération !

9. La taille du mûrier est nécessaire par trois principaux motifs : 1° pour obtenir sur les jeunes arbres des jets *plus gros* et *plus forts*, destinés à former plus *promptement* les branches-mères de l'arbre ; 2° pour donner à l'arbre une meilleure *forme* et une plus grande *étendue* ; et 3° pour *renouveler* les pousses et les branches de l'arbre, qui, après quelques années, deviennent toujours *buissonneuses*, par l'effet du cueillage de la feuille.

10. Nous déduirons ces trois résultats d'une série de *faits* sur lesquels est fondée toute la *théorie* qui doit nous diriger dans la taille du mûrier.

11. Mais je crois devoir placer ici, en commençant, un rapport que j'ai présenté, en 1838, à la société d'agriculture de Saint-Marcellin, et qui a été publié en partie dans son premier bulletin. J'y ai signalé les principaux *vices* de culture et *de taille*, qui entraînent la perte d'un si grand nombre de mûriers. Avant d'indiquer ce qu'il faut faire, il est bon de montrer ce qu'on doit éviter.

CHAPITRE II.

Rapport fait à la Société d'agriculture de l'arrondissement de Saint-Marcellin (Isère), par M. Duvernay aîné, maire de ladite ville, à la séance du 23 février 1838.

Messieurs,

12. A peine notre société commençait son organisation que j'ai été chargé de vous présenter un rapport sur la culture du mûrier dans nos contrées. Depuis plusieurs années je préparais un petit opuscule sur cette matière. Les nombreuses occupations que m'imposent mes fonctions publiques m'ont empêché jusqu'ici d'y mettre la dernière main. Il ne fallait rien moins que la création de

notre Société d'agriculture pour me stimuler à le publier bientôt.

13. Frappé du mauvais état des nombreux mûriers qui
couvrent nos campagnes, étonné de la mortalité qui atteint
des sujets à peine adultes, à côté d'autres mûriers plus
que séculaires, j'en ai recherché les causes, et j'ai cru les
reconnaître dans la négligence de la taille, et plus encore dans une taille mal entendue, qui est pour eux une
véritable mutilation.

14. J'ai étudié la plupart des ouvrages qui ont été
écrits sur cette matière. A la connaissance des auteurs,
j'ai voulu joindre la pratique. J'ai taillé moi-même diverses rangées de mûriers, et j'ai reconnu par les résultats, que la méthode de *Verri*, auteur italien, était excellente. Mais tel est l'empire de la routine, que je n'ai pu,
jusqu'à présent, former à cette méthode que quelques-uns
de mes fermiers ; les autres continuent à laisser pousser
aux mûriers un trop grand nombre de branches, qu'ils
sont obligés, plus tard, d'abattre ou de raccourcir, et les
arbres ainsi traités dépérissent.

15. N'est-il pas plus rationnel, au contraire, de ne laisser pousser aux mûriers que les branches que l'on sera
dans le cas de conserver ?

16. Je citerai pour exemple des deux méthodes, les
mûriers plantés dans le Champ-de-Mars de cette ville.
Ils avaient été taillés, durant les trois premières années,

selon l'usage ordinaire, c'est-à-dire, courts comme des troncs d'osier, sans aucun *ébourgeonnement*. A chaque nouvelle taille, on était obligé d'abattre plus des trois quarts des jets trop nombreux. Ceux que l'on conservait n'ayant pu grossir au milieu des autres, on était obligé l'année suivante de les tailler encore fort court, à cause de leur peu de volume ; mais l'arbre, ne prenant aucune étendue, ne grossissait point ; car, nourri par ses feuilles, un arbre ne grossit qu'en proportion de l'étendue de ses branches.

17. Pendant les années suivantes, je les ai fait tailler d'après la méthode de Verri, c'est-à-dire, que, par l'effet de *l'ébourgeonnement*, on a obtenu des pousses trois ou quatre fois plus grosses et plus longues, et l'on a pu étendre l'arbre, sans avoir aucune branche inutile à retrancher l'année suivante. On est parvenu à les rendre tous symétriques, montés sur trois ou quatre branches-mères ; on en cueille la feuille depuis deux ans. Dès ce moment ils vont être soumis à un *élagage* bis-annuel, sans aucune *taille* ou *raccourcissement* des branches restant à l'arbre. On les verra néanmoins s'élargir, car, comme on sait, les branches du mûrier adulte tendent à retomber, au point que dans un certain nombre d'années il faudra les relever par la taille.

18. Les principaux *vices* que je reproche à la pratique de nos contrées sont :

19. 1° Le défaut *d'ébourgeonnement* des jeunes arbres. L'ébourgeonnement est la *suppression* des yeux ou bourgeons naissants, autres que ceux que l'on veut conserver pour former l'arbre.

20. 2° Le trop *grand nombre* de branches-mères laissées à l'arbre. On est obligé de les retrancher plus tard, et cette amputation l'altère.

21. 3° Le couronnement *tardif* ou *incomplet*. On sait que lorsque par le cueillage de la feuille, durant un certain nombre d'années, le mûrier est devenu trop buissonneux, on le renouvelle en le *couronnant* à la grosseur du poignet ou du bras. Mais alors on ne doit lui laisser aucune menue branche de l'année précédente. On pratique souvent le contraire sous de frivoles prétextes, et il arrive que ces menues branches plus précoces, attirant la première sève, empêchent aux pousses du vieux bois de sortir grosses et vigoureuses. Souvent aussi le couronnement fait après la feuille cueillie, est trop *tardif*; les pousses sont alors chétives et mal aoûtées, et l'arbre périt plus tard. Il ne faut jamais couronner un arbre qu'en mars, ou même en février, et par un temps sec.

22. Ces trois vices dans la pratique font périr un grand nombre de mûriers.

23. Quelques cultivateurs prétendent aussi (et je partage leur opinion) que le mûrier blanc, sur le semis duquel on greffe aujourd'hui, ne dure pas autant que celui sur sauvageon de mûrier noir ou gris. C'est cette espèce qui a produit ces grands et vieux arbres, dont nous admirons encore quelques-uns, et qui sont de mûre noire, ou greffés sur sauvageon de cette race. Les auteurs assurent, en effet, que le mûrier noir était autrefois le seul cultivé en France. D'une autre part, le mûrier blanc paraît un arbre plus précoce, et devoir accomplir plus tôt sa destinée (1).

24. On pourrait aussi, peut-être, trouver la cause de la longévité de ces arbres, dans la grande étendue qu'on leur avait laissé prendre. Leurs racines, proportionnées en longueur, vont *au loin* et profondément, chercher des sucs que la chaleur de nos étés empêche aux trop petits arbres de nos jours de trouver dans une *trop petite circonférence*, bientôt épuisée d'humidité. On aggrave encore le mal quand on néglige de cultiver le terrain dès le printemps, pour que cette humide fraîcheur s'y conserve pendant l'été.

25. Le choix des espèces de feuilles est important pour l'éducation des vers à soie. Je n'ai point adopté le mûrier multicaule des Philippines. Dès l'abord, sa feuille m'a paru ne pouvoir être employée en grand, à cause de sa disposition à se froisser et à se faner dans le sac.

---

(1) Mon opinion s'est ici parfaitement rencontrée avec celle que M. Charrel a émise dans l'ouvrage qu'il a publié l'année suivante. V. page 103 de son livre.

Depuis, on s'est dégoûté de cette espèce, dont les jets encore herbacés à la fin de l'automne, gèlent facilement. Cet arbre ne paraît pas convenir à nos climats.

26. Je rejette également une feuille très-grande, dont on a greffé beaucoup de jeunes arbres dans ce pays. Trop aqueuse, elle ne contient pas assez de parties sucrées pour la nourriture du ver, et pas assez de parties gommeuses pour fournir une soie abondante.

27. Je préfère greffer une feuille de mûrier blanc de moyenne grandeur, presque ronde et peu lobée, épaisse, ferme, d'un beau vert luisant d'un côté, faisant du bruit comme du papier lorsqu'on la remue entassée. Dandolo l'appelle la feuille double. Elle n'a d'autre défaut que celui d'être accompagnée de beaucoup de mûres; mais elle contribue puissamment à la réussite des vers à soie, point essentiel auquel tout doit tendre. On pourra l'alterner avec la feuille rose d'Italie, qui, plus productive, est aujourd'hui très-cultivée.

28. A cette feuille, on fera bien de joindre celle de mûrier sauvage, pour les deux ou trois premiers âges des vers à soie, ainsi que pour les derniers jours de leur éducation. On en a trouvé par le semis une espèce peu lobée, que l'on multiplie par la greffe, dans les environs de Romans.

29. Je ne ferai pas l'honneur d'une réfutation à l'opinion de ceux qui pensent avoir découvert le moyen de

faire deux récoltes de cocons dans la même année. A peine nos mûriers peuvent-ils supporter d'être dépouillés une seule fois, au commencement du printemps.

30. Il ne faut pas croire non plus que le sol propre à recevoir des mûriers puisse toujours en produire. L'expérience nous apprend au contraire que lorsqu'une plantation de mûriers a péri dans un terrain, de nouveaux mûriers n'y prospèrent plus, soit que le sol se trouve épuisé pour cette espèce de végétal, soit que le détritus des racines de l'ancienne plantation empoisonne celles de la nouvelle. Changer la terre est une opération si coûteuse, qu'elle devient presque impraticable en grand.

31. On voit par là combien il est important de conserver les plantations existantes longtemps saines et vigoureuses.

32. Dans les arts, la théorie et la pratique ne doivent jamais être séparées. Cette théorie, née de l'expérience, manque en tête de la plupart des ouvrages sur la matière. Elle doit, pour n'être point hasardée et pour être presque mathématiquement certaine, découler de la constatation des résultats ou effets produits par chaque manière de tailler. La prévision de ces résultats futurs, d'après l'expérience et la connaissance de la manière dont le végétal se comportera dans telle circonstance donnée, c'est la *théorie*. On ne doit pas dire : voici les causes de telle végétation. Ces causes nous sont inconnues. Chaptal l'a dit,

les lois de la *vitalité* des plantes sont encore un mystère pour nous. Mais la théorie peut assurer qu'après telle opération on aura généralement tel résultat. De là se déduit ce qu'il faut faire et ce qu'il faut éviter.

33. Ce sera donc, Messieurs, par l'exposé d'un certain nombre de *faits* ou résultats constants que dans l'ouvrage que je médite, je croirai avoir posé les bases de la taille du mûrier.

34. La mission des sociétés d'agriculture est surtout de constater les faits, d'enregistrer les résultats. En apportant le tribut de mes observations, je m'efforcerai de remplir ma tâche, et je vous prierai de les recevoir avec la bienveillance qui caractérise une aussi philanthropique réunion.

35. Je voulais, Messieurs, joindre ici quelques observations sur l'éducation des vers à soie. Ayant obtenu dans les magnaneries communes 50 kil. de cocons et quelquefois plus, par 31 grammes de graine, toutes les fois que j'ai pu faire observer la méthode de Dandolo, Je me proposais d'établir que la nouvelle méthode de M. Camille Beauvais (du moins quant au dégré de chaleur) ne conviendra point dans les magnaneries ordinaires, qui ne peuvent pas être parfaitement et instantanément *ventilées*; car un plus grand degré de chaleur y produit toujours un plus grand dégagement de gaz délétère, qu'on ne peut pas assez promptement remplacer

par un air pur. L'expérience vient malheureusement prouver tous les jours cette vérité à ceux qui veulent tenir des vers à soie dans une température élevée.

36. Je me proposais de citer aussi quelques faits, qui tendent à prouver que la maladie si répandue des orangeats, dragées ou muscardine, n'est pas contagieuse. Qu'elle est, comme le dit Dandolo, l'effet de mauvais gaz qui prédisposent l'insecte à éprouver, en peu d'instants, par des affinités chimiques, une concrétion ou durcissement des matières qui le composent, et cela, au moment d'une *touffe* ou augmentation de chaleur et de gaz malfaisants ; que si elle était causée, comme on le prétend aujourd'hui, par une plante parasite qui croîtrait sur le corps du ver à soie, et le ferait périr, son cadavre entrerait en putréfaction, au lieu de se durcir en quelques heures et de devenir incorruptible ; que les plantes qu'on a cru découvrir au microscope ne sont probablement que l'effet de l'efflorescence qui a lieu dans l'opération chimique ; enfin, ce qu'il est surtout essentiel de savoir, c'est que toutes les fois que la magnanerie a été parfaitement ventilée et que la touffe a été évitée, il n'y a pas eu de muscardins, là où il y en avait toujours eu auparavant, quoiqu'on ait employé les mêmes planches et ustensiles, sans précautions ni lavages.

37. Je concluais de ces observations qu'il convenait de ne pas dépasser les degrés de chaleur prescrits par

Dandolo, dans les magnaneries ordinaires, qui seront encore longtemps les plus nombreuses.

38. Enfin, qu'à l'égard des avantages que peut présenter la méthode de M. Beauvais, il conviendrait peut-être de vérifier encore si le cocon d'un ver qui a mangé moins de feuille a autant de soie, et si une soie filée par un ver à une température plus élevée n'est pas, comme l'assure Dandolo, beaucoup plus grossière.

39. Mais un de nos collaborateurs, distingué par ses études sur cette matière, nous ayant promis un rapport sur ce sujet, j'ai différé de produire mes observations, sauf à entamer plus tard une polémique, qui ne peut qu'être utile aux progrès de l'art (1).

CHAPITRE III.

Définitions de quelques termes.

40. *OEil, bouton*, sont synonymes.

41. *Bourgeons*, ce sont les branches encore herbacées qui naissent des yeux ou boutons, et qui ne sont pas encore *aoûtées*, c'est-à-dire, pas encore durcies et converties en bois par la chaleur du mois d'août.

42. *Jets de l'année*. Ce sont les bourgeons aoûtés.

---

(1) Ce collaborateur n'a pas traité ce sujet dans le mémoire qu'il a fourni depuis.

43. *Jets d'un an.* Ce sont les bourgeons qui ont un an, c'est-à-dire, les jeunes branches d'un an, les jets ou pousses de l'année précédente.

44. *Vieux bois.* On appelle vieux bois celui qui a plus d'une année, c'est-à-dire, qui n'est pas de la dernière pousse.

45. *Tailler.* Ce mot a deux acceptions; appliqué à l'arbre entier, il exprime les trois opérations que l'on peut faire à un arbre avec un instrument tranchant, savoir : 1° *Raccourcir* les branches, 2° les *supprimer*, et 3° *couronner* l'arbre. Mais la *taille* appliquée seulement à une branche signifie la *raccourcir*.

46. *Elaguer, émonder, nettoyer,* c'est *supprimer* les branches qui sont inutiles ou mal placées, en les coupant ras la branche d'où elles sortent.

47. *Ebourgeonner.* C'est *supprimer* ou couper ras la branche d'où ils sortent les bourgeons herbacés de l'année courante.

48. *Tailler court,* c'est réduire la jeune branche d'un an à environ le *sixième* de sa longueur, lui retranchant les cinq sixièmes.

49. *Tailler long,* c'est retrancher environ la *moitié* de la longueur d'un jet d'un an.

50. *Couronner court,* c'est raccourcir de plus de la moitié toutes les grosses branches-mères d'un arbre, et supprimer toutes les autres plus menues.

2

51. *Couronner loin*, c'est tailler ou raccourcir toutes les branches un peu grosses d'un arbre, les coupant vers leur extrémité, à la grosseur du poignet (1), plus ou moins, et supprimer en même temps toutes les autres petites branches.

52. *Recaller*, c'est repasser avec la serpette, la serpe ou le ciseau, la coupe faite avec la scie, afin d'ôter les bavures qui empêchent le recouvrement de la coupe.

CHAPITRE IV.

Théorie ou effet des différentes tailles sur les mûriers.

53. Ce serait ici le lieu d'exposer la théorie de la végétation ; Mais les agriculteurs les plus expérimentés, les chimistes les plus savants n'ont pas encore pu pénétrer les secrets de la *vitalité* des plantes, non plus que celle des animaux. Chaptal, dans sa chimie appliquée à l'agriculture, s'exprime ainsi :

54. « Nous connaissons les substances qui entrent
» dans le végétal et celles qui en sont éliminées ; nous
» déterminons par l'analyse la nature et la composition
» des produits qui se forment. Là se borne le pouvoir
» de nos facultés. Tout ce qui se passe dans l'intérieur
» est encore un mystère pour nous, et appartient à la

______

(1) Quatre à cinq centimètres de diamètre.

» *vitalité* dont l'action *modifie* les lois physiques qui nous
» sont connues. »

55. Après cet aveu d'un savant aussi distingué, s'il m'était permis, avant d'exposer les faits certains qui constituent notre théorie, d'émettre mon opinion sur l'action de la végétation , je dirais que l'ascension de la *sève* dans les branches, les boutons et les feuilles, n'a pas lieu par *pulsion* de la part des racines ; qu'elle monte, au contraire, par *succion* de la part des branches , des feuilles et des boutons, dilatés durant le jour par la chaleur. La capacité intérieure de leurs canaux augmentant par cette dilatation, la sève est aspirée, comme par une véritable pompe. Parvenue dans l'arbre , la partie la plus liquide de la sève se dissipe par une transpiration lente. Une autre partie se combine avec les gaz de l'air qu'elle absorbe ; elle s'épaissit et se travaille dans les feuilles. Lorsque la fraîcheur de la nuit vient ensuite resserrer ces mêmes organes de l'arbre, cette sève, alors comprimée , redescend un peu dans le bois, où elle se coagule en partie pour le grossir , et en partie, se trouve, par la *compression*, poussée dans les boutons, organes plus tendres et plus flexibles, qu'elle fait éclore en nouveaux bourgeons. Ainsi, la chaleur du jour qui dilate la plante y fait monter la sève, et le refroidissement de la nuit, qui survient alternativement, la comprimant, la pousse aux extrémités qu'elle développe. A ce mécanisme, on peut ajou-

ter, sans doute, l'effet des canaux ascendants, descendants, transversaux , qui permettent à la sève de circuler dans un sens , et qui , comme remplis de soupapes, la retiennent dans l'autre sens. Mais c'est toujours dans l'action alternative du chaud et du froid que se trouve la cause première du mouvement de la végétation. C'est d'ailleurs ce qu'indique la stagnation de l'arbre durant l'hiver. En coupant de grosses branches de mûrier pendant cette froide saison, je les ai toujours trouvées pleines d'une sève abondante, laiteuse et épaisse, s'épanchant par la coupe entre l'écorce et le bois. C'est cette sève déjà élaborée, mise en réserve dans l'arbre , qui , au printemps, délayée par celle pompée des racines , se trouve poussée dans les boutons , qu'elle développe, ainsi que nous venons de le dire. Cette *succion* de la part des branches et boutons est encore confirmée par la nouvelle théorie , qui considère les boutons des arbres comme autant d'individus , ou *centres de vitalité*, ayant leurs racines implantées dans les branches. (V. le Bon jardinier , an 1841 , page 51.)

56. Exposons maintenant les *faits certains* qui constituent la *théorie pratique* sur laquelle je fonde les préceptes de la taille du mûrier.

57. Je ne les ai rencontrés dans aucun livre, et de là m'est venue l'idée de les écrire à mesure que j'en faisais l'observation. J'ai vu plus tard qu'il en résultait un corps de doctrine , pouvant guider dans la taille du mû-

rier ; et, dès l'année 1836, j'ai commencé l'ouvrage que je publie aujourd'hui.

58. J'ai cru devoir les grouper ici, et, pour éviter des répétitions, y renvoyer dans le corps de l'ouvrage. Cette méthode, qui est celle des géomètres, me paraît devoir être adoptée dans les traités qui ont un enseignement pour objet.

§ 1er.

Faits qui doivent guider dans l'établissement des branches-mères.

59. 1er *Fait.* Toutes les branches sortant d'un tronc (ou d'une bifurcation) n'ont entre elles toutes pas plus de grosseur, ou volume, que le tronc (ou la branche) en a au-dessous de l'endroit où elles naissent. La simple inspection d'un arbre suffit pour en convaincre.

60. 2e *Fait.* Une mère-branche qui sera *menue*, ne pourra jamais prendre l'allongement et l'étendue qu'elle aurait pris, si elle eût été plus grosse.

61. *Conséquence.* La conséquence de ces deux faits évidents est, qu'il ne faut jamais monter un arbre que sur *deux* ou *trois* branches-mères. Si on l'établit, comme les orangers, sur un grand nombre de branches, elles seront menues, l'arbre sera touffu, mais il ne prendra jamais une grande étendue de feuillage.

62. **3ᵉ** *Fait*. Les branches, une fois aoûtées (cessant d'être herbacées), ne s'allongent plus que par le bout; elles ne s'étendent plus d'un nœud à l'autre, et les branches qui en sortent à différents espaces, conserveront toujours cette même distance entre leurs bases respectives.

63. *Conséquence*. Il ne faut donc pas trop rapprocher les bifurcations ou embranchements, qui diminuent trop la grosseur des branches-mères; il paraît convenable de les espacer d'un mètre environ, surtout vers le bas.

§ 2.

Faits concernant la taille des jeunes mûriers dont on ne cueille pas encore la feuille.

64. **4ᵉ** *Fait*. D'un *menu* jet d'un an, il ne sort jamais de gros jets.

65. *Conséquence*. Il ne faut donc point laisser de *petites* branches de l'année précédente aux jeunes arbres; il ne faut leur laisser que les plus grosses de ces jeunes branches, pour avoir de gros jets, qui serviront à étendre l'arbre l'année suivante.

66. **5ᵉ** *Fait*. Les jets vigoureux, ou gourmands, sont destinés par la nature à former les mères-branches des arbres. Si on les supprime, l'arbre entier est mortifié; en les laissant, ils étendent l'arbre très-promptement.

67. *Conséquence*. On doit donc favoriser la naissance de ces jets vigoureux ou gourmands, dont les fibres forment de larges canaux pour la sève. Les autres jeunes branches en bois dur et fibres plus serrés sont peu propres à faire de bonnes branches-mères. Le but de la taille est donc d'obtenir, sur les jeunes arbres, des jets forts et vigoureux, et les moyens d'y parvenir se déduisent des faits suivants.

68. 6e *Fait*. Quand on *taille court* les jets d'un an d'un jeune arbre, ils produisent de bien plus gros jets que si on les eût *taillés long* (par suite du 1er fait), y ayant moins de pousses et moins de partage de la sève.)

69. *Conséquence*. En taillant court, on aura l'année suivante de beaux jets d'un an, qui, quoique taillés court comme les précédents, c'est-à-dire, à environ le sixième de leur longueur, allongeront l'arbre beaucoup plus que si, par une taille longue, (à moitié de leur longueur), on n'avait eu que de petits jets qu'on ne pourrait pas tailler long. Il faut donc tailler les jeunes arbres plutôt court que long, on aura un plus prompt allongement des branches-mères, qui auront aussi plus de grosseur.

70. 7e *Fait*. Si on *ébourgeonne*, c'est-à-dire, si on supprime les bourgeons naissants mal placés, ne laissant que ceux qui sont nécessaires pour allonger l'arbre l'année suivante, les jets qui resteront seront bien placés et infiniment plus gros et plus longs qu'ils n'auraient été si on les eût tous laissés. (Par suite du 1er fait.)

71. *Conséquence*. Il est donc très-essentiel d'ébour-

geonner les jeunes arbres. Cependant, cette pratique, si utile et si facile à exécuter, est tout à fait négligée par les agriculteurs. A la taille de l'année suivante, on n'aura presque pas de jets à supprimer ; tout restera à l'arbre. C'est par l'ébourgeonnement que j'ai obtenu les plus beaux résultats.

72. 8e *Fait.* Les bourgeons herbacés qu'on supprime ont déjà nui à la grosseur future de ceux qu'on laisse, s'ils ont seulement deux centimètres de long.

73. *Conséquence.* Il faut donc enlever les yeux en boutons, ou tout au moins au moment où ils viennent de s'ouvrir.

74. 9e *Fait.* Sur un arbre ayant plusieurs branches, celles qui monteront plus perpendiculairement sur la tige s'emporteront et domineront bientôt toutes les autres.

75. *Conséquence.* Il faut donc tenir les branches des jeunes arbres évasées en gobelet, soit en ne laissant à la taille que les yeux du dehors, soit en tenant les pousses espacées entre elles , en les attachant à des baguettes avant qu'elles soient aoûtées.

§ 3.

Faits concernant l'élagage des arbres formés.

76. 10e *Fait.* Lorsqu'on élague ou supprime *tous* les jets d'un an avant la pousse, il sort de beaux jets du

vieux bois, étant moins multipliés qu'ils n'auraient été.
(Par suite du 1ᵉʳ fait.)

77. *Conséquence.* On emploie ce moyen pour renouveler les arbres adultes devenus trop buissonneux. Cependant, si, comme dans le midi, on l'employait tous
les ans ou tous les deux ans, l'arbre, semblable à un
tronc d'osier, ne prendrait pas assez d'accroissement dans
les régions tempérées. D'ailleurs, cette opération n'étant
pratiquée qu'après le cueillage de la feuille, fait périr,
dans nos contrées, beaucoup de mûriers, qui n'ont plus que
des pousses chétives, que les gelées viennent gâter.

78. 11ᵉ *Fait.* Si on élague ou supprime *seulement une
petite partie* des jets d'un an trop nombreux, et tout le
vieux bois superflu, il naîtra de bien plus beaux jets des
jeunes branches qu'on aura laissées. (Par suite du 1ᵉʳ
fait, la sève étant moins divisée.)

79. *Conséquence.* Cet élagage est tout à fait utile, et
peut, sans inconvénient, être pratiqué après le cueillage
de la feuille; je conseille de l'appliquer tous les deux ans
aux arbres formés.

§ 4.

Faits concernant le couronnement des arbres buissonneux.

80. 12ᵉ *Fait.* Si on cueille les feuilles sorties d'un
bouton qui aurait fait *un* bourgeon, cet œil ou bourgeon

étant ainsi détruit, les sous-yeux, au nombre de *deux ou trois*, qui ne se seraient pas ouverts si le bourgeon eût resté, éclosent; et il sort, par l'effet du cueillage de la feuille et du bourgeon naissant, deux ou trois autres petits bourgeons, au lieu d'un qui eut resté.

81. *Conséquence.* C'est par cette raison que les mûriers dont on ramasse la feuille deviennent buissonneux, par la multitude de petites pousses que cela produit. Le remède à ce mal inévitable se déduit des faits suivants.

82. 13ᵉ *Fait.* Quand on *couronne loin* un mûrier formé (à la grosseur du poignet ou du bras), il sort les plus beaux jets de l'extrémité, surtout si cette extrémité se termine par un nodus ou par une bifurcation, formant deux ou trois cornes de quatre à cinq centimètres de long. Si au contraire on a coupé dans une partie lisse, le bout de la branche meurt souvent jusqu'au premier nodus ou bifurcation, d'où sortiront des jets.

83. *Conséquence.* Ainsi, lorsque malgré l'élagage bisannuel, les grands arbres deviennent buissonneux et les pousses chétives, on fera très-bien de *couronner loin* les mûriers adultes, tous les six, huit ou dix ans, suivant le besoin. On opérera à la fin de février ou au commencement de mars, et jamais après le cueillage de la feuille, ce qui, dans nos contrées, entraîne la perte des arbres. Deux ans après, on élaguera les trois quarts et plus des branches qui auront poussé.

§ 5.

Procédés à éviter.

84. 14ᵉ *Fait.* Si on taille les jets d'un an, les uns *court*, et les autres *long*, on nuit à l'arbre. Ceux taillés long produisent de trop menus jets; ceux taillés court en produisent de moins gros qu'ils n'auraient été si tout eût été taillé court, retranchant les cinq sixièmes de leur longueur.

85. 15ᵉ *Fait.* Si, en taillant *long* une jeune branche de l'année précédente, on ne lui laisse que deux yeux à l'extrémité, supprimant les autres boutons, il en sortira deux jets bien moins gros que si on eût taillé la branche également à deux yeux, mais plus courte.

86. 16ᵉ *Fait.* C'est une mauvaise pratique de laisser plus de *deux* branches partir d'un même point de bifurcation; il en résulte une confusion de branches très-nuisible, même vers les extrémités. Vers le bas, l'eau peut y reposer, s'y geler et altérer cette partie.

87. 17ᵉ *Fait.* Quand, sur un jeune arbre, on raccourcit les jets d'un an, et qu'on en laisse un seul intact, ce dernier grossit beaucoup plus que les autres, ayant plus de feuillage *précoce* pour pomper la sève. (Voyez n° 55). Les autres jets raccourcis ne produisent pas de grosses pousses. La branche laissée intacte n'en produit pas non plus de grosses, la sève étant divisée en beaucoup de bourgeons (1ᵉʳ fait); mais cette branche grossit beaucoup elle-même vers sa base.

88. *Conséquence.* Il suit de là qu'il ne faut pas tailler ni couronner, les arbres, *en partie*, ni les ramasser sans cueillir la totalité de la feuille; car la sève se porte toujours exclusivement vers la partie laissée intacte.

89. Cependant, on peut, par ce moyen, faire grossir une mère-branche, qui, sur un jeune arbre, se trouve bien placée, mais beaucoup plus petite que les autres. Mais si l'arbre est encore bien jeune, il vaut mieux supprimer cette branche faible, car ce remède affaiblit trop le reste.

§ 6.

Remèdes.

90. 18ᵉ *Fait.* Quand un arbre a quelques-unes de ses branches malades, on peut quelquefois le rétablir en le *couronnant court* (50).

91. *Conséquence.* Ce remède est surtout efficace pour les arbres qui, jeunes encore, sont néanmoins difformes et hérissés de mille branches n'ayant jamais été taillés ni nettoyés. Il est également utile après une grosse grêle; bien entendu qu'il ne se pratique qu'en février ou mars.

91 *bis.* Tous ces faits sont certains ; c'est ainsi que le

mûrier pousse, suivant les différentes manières dont on l'a taillé. Sachant donc ce qui doit résulter de chaque espèce de taille pour l'année suivante, il sera facile de traiter le mûrier de la manière la plus convenable à l'état où il se trouve. Nous bornons à l'observation de ces faits toute notre théorie. Elle se développera par l'application que nous en ferons dans le cours de cet ouvrage, qui est principalement consacré à la pratique.

92. En résumé, il faut 1° ne monter l'arbre que sur *deux* ou *trois* branches-mères.

93. 2° Supprimer aux jeunes arbres tous les menus jets; ne laisser que les deux plus gros à chaque branche de l'année précédente, et tailler ces deux jets *court*, ne leur laissant que la *sixième* partie de leur longueur; faire cette opération pendant quatre ans; la cinquième année, tailler les jets longs (à *moitié* de leur longueur), et ne pas les ébourgeonner, pour pouvoir cueillir la feuille la sixième année.

94. 3° Durant ces quatre premières années, *ébourgeonner* les jeunes arbres à la pousse, ne laissant que les deux bourgeons de chaque extrémité taillée, et les plus en dehors.

95. 4° *Elaguer* ou nettoyer les arbres formés tous les deux ans au moins.

96. 5° *Couronner loin* les arbres buissonneux tous les 6, 8 ou 10 ans.

97. 6° *Couronner court* les arbres malades.

Passons aux détails : au moyen des préceptes déjà posés, leur développement devient très-abrégé.

CHAPITRE V.

Du terrain et de l'exposition propres au mûrier.

98. Le mûrier se plaît dans les expositions chaudes, au pied ou sur le penchant des coteaux exposés au soleil, ou dans les plaines abritées.

99. Le mûrier aime les terrains profonds et légers ; il craint les glaises, les lits de marne dure et aqueuse. Enfonçant beaucoup ses racines, il préfère les terrains perméables et sains ; la soie qu'il produit dans les terres trop fortes est moins belle.

100. Il aime surtout un terrain qui ait été profondément remué. Il vaut mieux quelquefois faire la dépense du défoncement d'un mètre, si le terrain est dur, que d'employer la même somme en achat de fumier, etc.

CHAPITRE VI.

Instruments pour la taille du mûrier, leur usage ; précautions dans l'opération.

101. C'est un point certain dans les arts que des outils perfectionnés en avancent les progrès. Il est impossible, avec des outils mal faits ou mal affilés, de faire de bonnes coupes ; on mutile les arbres et l'on opère lentement. On aura donc soin d'avoir toujours des instruments très-tranchants.

102. La *Serpette* est l'outil principal : il faut que le manche remplisse bien la main ; on doit en avoir plusieurs de différentes formes et grandeurs.

103. La *Scie à couteau* est indispensable. Celle qui opère en tirant à soi est la meilleure, par ce qu'elle peut être beaucoup moins épaisse ; la lame peut avoir 20 centimètres de long. Il faut qu'elle ait, pour le bois vert, plus de *chemin* et qu'elle croche davantage que pour le bois sec ; les dents peuvent être espacées de 3 millimètres : plus grandes, elles déchirent l'écorce. On fait ces scies avec du fer de faulx, ou des lames de scies demi-trempées, dont on refait les dents au besoin.

104. *La Scie à fût.* On a, pour couper les grosses branches, une scie montée sur un fût de fer ou d'acier, à champ tournant, c'est-à-dire, à lame tournante, pour pouvoir couper des branches placées au milieu de plusieurs autres, sans que le fût ou montage tournant puisse gêner. La lame mince, de 15 millimètres de large, porte des dents espacées de 4 à 5 millimètres, et peut avoir 40 centimètres de long. Elle opère également en tirant à soi, pour avoir plus de force avec un fût léger. On peut avoir une seconde scie, un peu moins longue, pour remplacer la scie à couteau entre les mains des gens peu adroits. Une corde passée en bandoulière autour de soi porte un crochet où on la suspend.

105. *La Serpe à deux tranchants.* C'est l'outil dont les élagueurs se servent le plus souvent pour les grands arbres. C'est aussi celui avec lequel les gens peu adroits (et c'est le plus grand nombre) mutilent, par de faux coups, tous les arbres qu'ils touchent. Que d'esquilles qui ne peuvent plus se recouvrir! Que d'onglets en biseau allongé! Que de bouts de branches, coupés trop loin de l'enfourchement, restent nus! Que d'autres sont entamés mal à propos! Cependant cet outil est expéditif; mais il faut l'interdire à ceux qui ne sont pas exercés à s'en servir avec justesse et précision. On mettra dans les mains de ceux-là la scie et et le ciseau. On porte la serpe dans un étui suspendu.

106. Le *ciseau de menuisier.* Ce ciseau de 30 à 40 millimètres de large, dont on se sert avec un petit maillet, est très-commode 1° pour recaller les coupes de la scie sur les grosses branches; 2° pour couper ras la branche, les pousses d'un et deux ans; 3° pour faire partir les onglets et chicots de bois mort, etc. Toutes les coupes qu'il fait sont sans bavures, sans esquilles et sans fausses entailles. Je conseille de s'en servir le plus que l'on pourra; l'arbre s'en trouvera bien mieux que de l'usage de la serpe, avec laquelle on ne peut, par exemple,

couper des jets placés au milieu d'autres que l'on veut conserver, sans entamer ces derniers, et sans faire des esquilles ou onglets. On peut mettre au ciseau des manches de plusieurs mètres, pour atteindre aux branches élevées, faisant frapper avec un plus fort maillet par une autre personne. On porte le ciseau et le maillet suspendus avec une ficelle ; un très-petit étui de bois, où le ciseau entre de force, en écarte le danger.

107. Le *Sécateur*. Cet instrument est très-commode pour raccourcir les branches d'un jeune arbre déjà formé, lorsqu'on ne peut employer qu'une main. On devra préférer la serpette toutes les fois qu'on pourra l'employer, parce qu'elle altère moins le bout de l'écorce.

On fait des sécateurs de grande dimension, portant des manches de bois de plusieurs mètres, pour couper des branches de 4 à 5 centimètres de diamètre, lorsque ces branches sont placées à des extrémités où l'on ne peut atteindre : mais le cas est rare, car on doit atteindre partout où l'on peut cueillir la feuille avec une échelle.

108. *L'Affiloire*. C'est un morceau de pierre du levant, nécessaire pour donner du mordant aux outils tranchants ; on l'humecte d'huile ou de salive.

109. Il faut avoir des échelles à trois pieds, de diverses grandeurs, et des échelles ordinaires pour les grands arbres. On peut essayer l'échelle-brouette décrite par Verri.

110. Le mûrier ayant une sève gluante, les scies, les

serpettes, s'empâtent et ne glissent plus dans le bois. On peut avoir une bouteille d'eau pour les laver de temps en temps. Ce soin, qui paraît minutieux, accélère le travail, qui devient aussi meilleur.

111. *Précautions.* Quand on scie une branche dont la pesanteur peut, en tombant, emporter une portion de la branche restant à l'arbre, on doit commencer la coupe par-dessous, jusqu'au tiers ou au milieu, et ensuite reprendre par-dessus, bien vis-à-vis, afin que les deux coupes se rencontrent à peu près ; la branche tombera sans fracture.

112. Les aspérités que laisse la scie empêchent la sève de recouvrir la coupe. Il est donc essentiel de *recaler* ou unir cette coupe avec la serpette ou le ciseau.

113. Toutes les coupes doivent être rondes, sans onglet ou bec de flûte, et un peu élevées du côté de l'œil.

114. On taille une branche de la dernière année à 4 ou 5 millimètres au-dessus de l'œil. Une plus grosse branche se coupe plus loin ; mais on coupe celles que l'on supprime en entier, très-ras la branche d'où elles sortent. Cependant, si la branche supprimée était plus grosse que le poignet, et que par conséquent le recouvrement ne dût avoir lieu qu'en plusieurs années, ou jamais, alors on laisserait en saillie 3 ou 4 centimètres, toujours avec coupe ronde, sans onglet.

115. On ne doit jamais tailler les arbres quand le

temps est à la pluie : il faut choisir un temps sec. L'extrémité de la coupe se couvre de sève après la taille : cet effet a lieu même pendant l'hiver ; au mois de janvier et de février, j'ai toujours trouvé, dans les mûriers que j'ai fait couronner, beaucoup de sève laiteuse qui s'épanchait sur la coupe entre l'écorce et le bois. Si le temps est sec, elle se fige ; et, comme il meurt toujours quelques lignes de bois qui se durcissent, la plaie est fermée au bout de deux ou trois jours. Mais si avant ce temps, une pluie vient laver la première sève sortie, de nouvelle sève est par là attirée au dehors et emportée à son tour par le lavage. Il en résulte qu'à une certaine distance (plus de 30 centimètres dans les grosses branches), le bois est amaigri, et que les bourgeons qui en sortiront seront chétifs et périront bientôt : ainsi l'arbre sera gravement altéré.

116. Pour prévenir un tel accident, on fera bien, lorsqu'on a coupé de grosses branches, d'y appliquer de suite l'onguent de saint-Fiacre : il se fait, en pétrissant ensemble de la terre glaise et de la bouse de vache ou de bœuf. La terre glaise empêche à la pluie de pénétrer, et la bouse forme un lien qui l'empêche de fendre et la colle bien au sujet. En été, il garantit aussi les grosses coupes et les plaies, du soleil qui les gerce. Je me propose d'essayer aussi la cire à greffer, appliquée tiède, ou la peinture à l'huile fort épaisse, qui aura l'avantage de pouvoir

être employée à froid. Enfin, j'ai employé du papier huilé dont j'ai enveloppé les coupes, l'attachant avec du fil ou des lanières d'écorce de mûrier : on ôte ce papier avant la pousse.

116 *bis*. Il est possible que celui qui aura étudié cet ouvrage, ne puisse monter sur de grands arbres pour tailler lui-même ; dans ce cas, il devra se munir d'une longue perche ou gaule, pour indiquer à l'ouvrier les branches à couper.

CHAPITRE VII.

Des Semis.

117. On fait des semis pour avoir de la pourrette ; c'est ainsi qu'on appelle le jeune plant. Lorsqu'il a un an ou deux, on le transplante dans la pépinière, où il reste trois à quatre ans ; puis on lève les sujets pour les planter à demeure.

118. Pour faire le semis, on cueille le fruit du mûrier *noir* (v. 23) ; le gris est également bon, s'il tient à la race noire, par son écorce brune, par son bois dur, sa moelle étroite, et par la rusticité de ses feuilles. On prend ce fruit bien mûr et sur un arbre sain, dont la feuille n'ait pas été cueillie cette année. Deux ou trois jours après les avoir amassées, on écrase les mûres dans l'eau avec les

mains, on les soumet à plusieurs lavages et on recueille les graines les plus pesantes qui restent au fond.

119. De suite, sans attendre le printemps, on sème cette graine. Cependant, M. Bonafous, qui a traité de la culture du mûrier, dit qu'en France on fera bien de ne semer qu'au printemps. Dans nos contrées, on ne sème qu'à la fin d'avril : on conserve la graine dans un lieu frais, après l'avoir fait bien sécher à l'ombre ; on peut y mêler du sable très-sec.

120. On choisit une terre légère, un peu sablonneuse, et défoncée à 50 ou 60 centimètres. On la prépare, comme celle des jardins, en planches étroites d'un mètre de large, avec des sentiers entre deux, de 30 centimètres. On y pratique cinq à six raies, profondes de 5 centimètres ; on y sème la graine *fort clair*, point essentiel, et pour cela, on la mêle de sable avant de la répandre, on la recouvre de 2 centimètres de terre très-légère, ou même de sable ; on tient la terre fraîche par de légers arrosages.

121. Lorsque le plan a levé, on le sarcle et on l'éclaircit, laissant entre les sujets un espace de 5 à 6 centimètres. S'il est nécessaire, on les arrose avant cette opération, on bine souvent, mais très-superficiellement, pour ne pas déraciner le plant encore peu profond.

122. Un an après, au mois de février ou mars, on enlève la pourrette pour être mise en pépinière ou vendue.

123. Verri, à ce second printemps, greffe en flûte

rez terre. Mais, comme dans notre climat moins chaud, j'insiste pour avoir des tiges de mûrier sauvage noir ou gris, je ne pense pas qu'on doive l'imiter. Cependant on pourra greffer quelques pourrettes pour former des pour-retiers mi-vent. (V. 228).

124. Pour avoir de la pourrette de deux ans, on coupe les jeunes plants à deux centimètres de terre, avec un sécateur très-tranchant. Lorsque les pourrettes commen-cent à pousser, on ne laisse qu'un bourgeon à chaque pied, choisissant le plus beau et le plus droit; on enlève les autres avec l'ongle ou la serpette, dès l'instant qu'ils paraissent.

125. Le semis étant une opération minutieuse qui ne convient guère aux cultivateurs en grand, ils achètent ordinairement les pourrettes dont ils ont besoin. Dans cette contrée, on en trouve provenant de *mûre grise*, chez M. Falconnet, de St Bonnet, déjà connu par une invention utile dans l'éducation des vers à soie; on y trouve aussi de jeunes mûriers de cette race.

CHAPITRE VIII.

Des Pépinières.

126. On forme les pépinières avec du plant d'un an ou avec du plant de deux ans. L'usage prévaut de se servir du plan d'un an, il supporte mieux la tronquature

de la racine, qui est un retranchement trop considérable sur une grosse pourrette.

127. On choisit pour la pépinière un terrain léger, assez bon et profond, exposé au soleil.

128. C'est ici le lieu de combattre une erreur vulgaire. On prétend qu'il faut que la terre de la pépinière soit moins bonne que celle du champ où l'on plantera le mûrier à demeure, afin, dit-on, qu'il ne soit pas accoutumé à une trop bonne nourriture. L'expérience m'a appris, au contraire, que meilleur est le sol de la pépinière, pourvu qu'il soit léger et point trop gras ou argileux, meilleurs sont les sujets; car, moins ils auront resté de temps en pépinière pour arriver à la grosseur voulue pour être plantés, plus ils feront ensuite de progrès. (V. n⁰ˢ 66, 67). Il faut rebuter les arbres d'une pépinière où les sujets sont maigres, durcissent et végètent mal, ce qui arrive toujours dans les très-mauvais terrains, ou ceux exposés au froid.

129. On mine (on défonce) le sol à 50 ou 60 centimètres, en y mêlant, s'il est besoin, un peu de fumier *bien consommé*, ou, ce qui est mieux, du terrelas. Mais si, comme on le pratique quelquefois, on destine la pépinière non-seulement à fournir des sujets à planter dans les champs, mais encore à devenir un pourretier en arbres nains, pour donner de la feuille, on devra pour lors en minant un peu plus profond, mettre des fagots de feuillage de chêne, ou autre bois, entre deux terres remuées, et surtout sous les rangées qui doivent rester en place. On pourrait cependant s'en dispenser si le sol était très-favorable au mûrier, ou s'il avait été fertilisé par des prairies artificielles.

130. Le terrain étant bien préparé, on le divise carrément sur chaque bord, et l'on y trace des raies au cordeau, à un mètre de distance en tous sens. Quelques pépinièristes se contentent de 85 centimètres. C'est aux points d'intersection des petites raies qu'on plante la pourrette à la cheville. On a soin d'enfoncer la tige de 4 à 5 centimètres, outre la racine, et de bien serrer la terre contre le plant avec la cheville, qu'on pique à côté pour combler tout le vide du trou, qui ferait moisir la portion de racine qui ne toucherait pas le terrain ; on presse aussi la terre avec les pieds, crainte du retrait. Si le terrain était humide, et qu'on craignit de le fouler trop en y traçant les raies, on pourrait tendre des fils dans un sens, et les croiser en faisant promener le cordeau dans un autre sens, à mesure qu'on plante.

131. Verri plante en quinconce : cela est mieux. Dans ce cas, après avoir tracé les raies ou placé les fils dans la longueur du terrain, à un mètre de distance, on croisera, en promenant le cordeau en travers, par demi distance, c'est-à-dire, tous les demi-mètres. Mais en plantant sur ces lignes transversales, on ne mettra une pour-

rette qu'à toutes les deux intersections, ayant soin qu'elles se trouvent en échiquier, etc. On pourra d'avance en faire le plan sur le papier.

132. On prépare le plant, en coupant sa racine pivotante, ne lui laissant qu'environ 12 à 15 centimètres de longueur. Cette pratique est indispensable pour les sujets qu'on veut enlever pour être transplantés : si on leur laissait toute la longueur de leur racine pivotante, il serait impossible de les arracher ensuite sans la couper ou la fracturer, et l'arbre en souffrirait beaucoup ; tandis qu'en tronquant la racine pivotante, il en sort beaucoup de racines latérales, qu'on enlève facilement avec le sujet.

133. Cependant, pour les sujets qui sont destinés à rester en place pour former un *pourretier*, on laissera le pivot aussi long que le trou de la cheville peut porter, ne coupant à la racine que ce qui serait recourbé en plantant, ou qui aurait séché. Le chevelu est ordinairement altéré : on l'enlève pour qu'il en pousse d'autre. On marquera d'avance, également en échiquier, les places où l'on devra planter les pourrettes à demeure. (V. 135).

134. Dans les terrains un peu argileux où la reprise est difficile, on a un gros plantoir, faisant un trou de 12 à 15 centimètres de diamètre, enfoncé à la masse ; on remplit ce trou de bonne terre très-légère ou de terreau, et l'on y plante la pourrette avec une plus petite cheville. Ce procédé assure la reprise.

135. Dans un hectare de terrain carré, on trouve cent espaces d'un mètre sur chaque bord. On peut donc y planter cent fois cent pourrettes, ou dix mille. Comme on peut en laisser en place pour le pourretier, une tous les trois mètres, on aura trente-trois fois trente-trois pourrettes, ou 1089 à planter avec leur pivot. Toutes les autres, destinées à former de jeunes arbres, seront levées plus tard pour être plantées à demeure, ou être vendues.

136. Verri, dans les premières éditions de son ouvrage, prescrit de couper rez terre, avec le *sécateur*, les pourrettes qu'on vient de planter. Mais, dans une édition subséquente, il dit qu'on fera tout aussi bien de ne pas les couper du tout : c'est cette dernière méthode que je conseille. J'ai éprouvé, dans la même plantation, que les pourrettes que j'avais tronquées en les plantant, avaient moins grossi que celles que j'avais laissées intactes. (V. 87 et 55.)

137. On tiendra la pépinière bien cultivée, sans offenser les racines ; et, en cas de sécheresse, on arrosera pour favoriser la reprise.

138. *La seconde année*, on cultivera sans toucher aux plants, qui se renforceront (55). Cependant, si le terrain était très-favorable et que quelques plants fussent déjà forts, après la végétation d'une seule année, en un mot, s'ils étaient à la base au moins de la grosseur du pouce, alors cette seconde année, on traiterait ces plants comme nous allons le prescrire pour la troisième.

139. *La troisième année,* en février ou au commencement de mars, par un temps sec, on coupera tous les sujets (autres que ceux destinés au pourretier), à 3 ou 4 centimètres de terre. On se servira d'une scie à denture fine, dont on recalera la coupe à la serpette. La coupe doit être ronde, sans onglet. Après avoir planté la tige à côté, pour avertir le cultivateur, on fera cultiver avec un instrument qui n'offense pas les racines.

140. On pourra cueillir la feuille des sujets laissés intacts pour le pourretier; on les taillera immédiatement après, en les formant, comme il est dit au chapitre du pourretier (221).

141. Quant aux sujets recepés, à la pousse, on ne laissera qu'un seul jet, le plus vigoureux et le plus droit, détachant tous les autres avec l'ongle ou la serpette (72). Cependant, dans les lieux où l'on est exposé aux limaçons ou autres insectes, on en laisse deux, dont on en supprime un avant qu'il ait 10 centimètres. En juillet et août, on supprimera, mais en plusieurs reprises, les pousses latérales, s'il y en a, commençant par le milieu de la tige et continuant les semaines suivantes vers le bas et vers le haut. Dans cette opération, on a soin de laisser la feuille sur laquelle sort le bourgeon qu'on supprime. Cette feuille nourrit la baguette ou tige de l'arbre. C'est au mois d'août qu'on coupe le chicot du recepage, avec la scie et la serpette.

142. Les pourrettes destinées à rester en place ne seront point ébourgeonnées durant cette année.

143. Beaucoup de sujets atteindront, à la fin de l'année, la hauteur de deux mètres trente centimètres, que je donne aux tiges de jeunes mûriers : on n'y retranchera rien quoiqu'ils la dépassent.

144. *La quatrième année*, en fin février, on coupera à la hauteur de 2 mètres 30 centimètres toutes les tiges qui l'auront dépassée. On supprimera toutes les pousses latérales, s'il en est resté; on laissera pousser deux ou trois bourgeons vers le haut de la tige, pour former l'embranchement; on ébourgeonnera cette tige de la manière prescrite n° 142, commençant dès le printemps; les bourgeons du bas seront enlevés les derniers, mais avant d'être aoûtés. Les sujets destinés au pourretier pourront être effeuillés pour la nourriture des vers à soie, et élagués de manière à les former et non ébourgeonnés (V. 221, etc.)

145. Quant aux autres plants qui n'auront pas atteint la hauteur voulue dans l'année précédente, au mois de mars de cette quatrième année, on leur raccourcira la pointe de 20 à 30 centimètres, pour obtenir un jet plus fort, les boutons de l'extrémité périssant ordinairement l'hiver. On laissera pousser dans le haut trois ou

quatre jets, ébourgeonnant le reste de la tige, comme il est dit plus haut. Vers la Saint-Jean, plus tôt ou plus tard, lorsque ces sujets seront prêts à s'aoûter, on choisira le plus perpendiculaire à la tige pour la continuer : on le laissera intact ; mais on raccourcira les autres de plus de moitié. Si ce sujet choisi ne monte pas assez droit, on le liera légèrement avec de l'écorce de mûrier ou autre objet, à un ou deux des autres jets raccourcis, afin de le dresser. On rognera de temps en temps ces jets raccourcis, avec l'ongle, pour les empêcher de grossir. Plus tard, on ébourgeonnera le jet principal jusqu'à la hauteur voulue, de 2 mètres 30 centimètres ; et, lorsqu'il se tiendra droit par lui-même, en août, on supprimera les jets raccourcis.

146. Les sujets qui, après cette quatrième année, n'auraient pas atteint la hauteur de 2 mètres 30 centimètres, resteront une année de plus en pépinière, ou seront levés pour arbres nains à mi-vent. (V. 228).

147. Les mûriers qui pour avoir une longueur et une grosseur suffisantes resteraient six à sept ans en pépinière, deviendraient durs, à fibres serrées, et peu propres à former de beaux arbres.

148. Pour en tirer parti, les pépiniéristes les recèpent de nouveau rez terre ; alors ils font un jet vigoureux, qui, en un an, forme une belle tige ; mais il ne faut pas se laisser tromper à cette apparence : ces arbres ont alors de

fort grosses racines qui sont tronquées dans l'arrachement, et dans tous les cas , ils réussissent mal.

CHAPITRE IX.

Première année. — Plantation des arbres à demeure.

149. Il est utile de faire les trous ou fossés plusieurs mois d'avance : pendant ce temps, la terre s'imprègne des gaz et des matières vivifiantes que l'atmosphère lui fournit. Elle s'émiette et se divise par la sécheresse ou par le gel. On fera donc bien de faire les troncs d'arbre à la fin de l'été, ou dans l'automne, pour planter au printemps suivant.

150. La distance à observer sera au moins de 8 mètres d'un arbre à l'autre.

151. Plus le trou sera large et profond, mieux l'arbre prospérera; si le trou est petit, en peu d'années les mûriers atteignent la terre dure et mauvaise, et l'arbre languit. Le trou sera donc de 2 mètres 50, sur 80 à 90 centimètres de profondeur : on aura beaucoup de peine à obtenir cette dimension des cultivateurs; il est prudent d'en charger les fermiers par écrit. On creuse le trou par un temps sec, afin de ne pas remuer la terre mouillée, ce qui la durcit. On a soin de jeter la bonne terre qui est prise à la première couche , sur deux côtés du trou, et la mauvaise qui est au fond, sur les deux autres côtés.

De cette manière on pourra, lors de la plantation, jeter la bonne terre au fond du trou; la mauvaise, mise à la surface du sol, sera dans la suite bonifiée par les engrais et les cultures successives.

152. Des mûriers de belle venue seront pris dans des pépinières de bon terrain léger (128) où ils n'auront resté que trois ou quatre ans (148), ils seront arrachés avec soin, commençant la fouille le plus loin possible de l'arbre, détachant ensuite chaque racine sans l'altérer, et finissant par enlever le sujet, après avoir coupé avec la bêche celles des racines qu'on ne pourra conserver entières.

153. L'arbre sera planté de suite, ou tout au moins les racines seront promptement enterrées dans du sable humide ou du terrain bien meuble.

154. Après avoir rafraîchi à la serpette la coupe des racines, en la prenant par-dessous, enlevé celles brisées ou confuses; après avoir coupé les branches de la tête, laissant deux ou trois cornes de 5 centimètres (82); après avoir ameubli le terrain du fond du trou et y avoir amoncelé au milieu un tas de bonne terre qu'on y aura voiturée, on y posera l'arbre bien perpendiculairement et bien aligné avec les diverses rangées.

155. On aura soin de ne placer le collet (naissance des hautes racines) qu'à 20 centimètres au plus en dessous du niveau du terrain, afin que l'influence de la chaleur

s'y fasse sentir. Le tassement de la terre l'enfoncera encore de plus de 5 centimètres, de sorte que la charrue ne pourra l'atteindre.

156. Les racines seront étendues sur le tas, en plongeant tout autour, et recouvertes d'une terre douce et sèche qu'on introduira entre elles avec la pelle ou la main; on la marchera un peu pour consolider l'arbre et le dresser avec soin, ne chargeant de terre tout autour qu'avec une égale quantité. Il ne faut jamais planter dans la terre mouillée, parce qu'alors, restant agglutinée en morceaux, elle ne joint plus les racines, qui moisissent dans les parties vides où elles se trouvent.

157. On répand ensuite du paillis dans le trou, ou, ce qui est mieux, on y place quatre à cinq fagots de chêne ou autres, pour tenir le terrain soulevé et frais, et le bonifier plus tard, en pourrissant. Du fumier chaud nuit aux racines. Par un temps sec, on comble le trou, d'abord avec la bonne terre sortie la première, ensuite avec l'autre.

158. Je n'ai pas parlé du tuteur que les auteurs conseillent de planter dans le trou avant l'arbre; on fera bien d'en mettre un. Cependant je conviens que je n'en mets point, pour éviter la dépense, et beaucoup de personnes ont adopté cet usage. Mais dans ce cas, il faut prendre les soins les plus minutieux à planter les arbres bien droits; il faut recommencer si, après la première

terre placée, ils sont de travers ; vainement on voudrait les dresser; ils retomberaient plus tard.

CHAPITRE X.

Deuxième année. — Greffe du mûrier.

159. J'ai indiqué n°s 25, 26, 27, 28, les espèces de feuille que je conseille de greffer : je n'y reviendrai pas.

160. Après un an de plantation, l'arbre aura poussé une multitude de branches auxquelles on n'aura pas touché. En avril ou mai, on en choisira deux ou trois qu'on greffera en flûte ; on supprimera toutes les autres. Les auteurs recommandent de greffer en pourrette, et de ne planter que des arbres greffés ; mais alors on ne peut avoir une tige qui soit sauvageon de mûrier noir (v. 23). D'ailleurs, l'année de la plantation, l'arbre pousse mal ; le bois est dur et menu ; la greffe le renouvelle ; c'est ce qu'on a pu remarquer.

161. On cueillera les greffes un peu d'avance, lorsque les yeux commencent à s'enfler, et on les tiendra dans un endroit frais. Quand l'arbre sera en sève, par un temps chaud, et s'il est possible, par un vent du midi, on opérera suivant la manière usitée : je n'en donnerai pas la description ; les gens de la campagne réussissent assez bien, le mûrier reprenant très-facilement.

162. On tiendra l'arbre ébourgeonné toute l'année, enlevant toutes les pousses sauvages (47, 70, 72).

163. On ne conservera, après la reprise, *qu'une*, ou au plus *deux* greffes, si elles sont suffisamment espacées entre elles (86).

164. Ces greffes pousseront des jets tellement gros et allongées, qu'on pourra craindre de les voir briser ou décoller par les vents. Pour prévenir cet accident, on attachera au tronc des baguettes qui porteront une troisième ligature, serrée et attachée, d'abord à la baguette, ensuite fort lâche, embrassant le jet. On leur donnera, autant que possible, une direction droite, s'il n'y a qu'une greffe, et évasée, s'il y en a deux (74). Ces baguettes sont ordinairement des branches nouvelles de mûrier, coupées à la taille des pourretiers, dont on a enlevé l'écorce en lanières pour servir de ligatures.

165. Dans les lieux où l'on craint que la lisette grise, ou coupe-bourgeon, appelé serpillier dans ce pays, mange l'œil de la greffe, on visite souvent les arbres pour y tuer cet insecte. On enveloppe quelquefois les greffes de papier jusqu'au moment de la pousse. Je me propose d'essayer une goutte d'huile fétide (de poisson, de noix) (1), ce qui ne me paraît pas devoir gâter le bouton, pourvu qu'on en mette très-peu.

---

(1) La chaux délayée peut être encore préférable.

CHAPITRE XI.

Troisième année. — Première taille de la greffe.

166. On taillera au commencement de mars.

167. Ainsi que nous l'avons dit, on ne conservera qu'une seule greffe, ou seulement *deux*, si elles sont suffisamment évasées (74).

168. On taillera ces greffes *court*, c'est-à-dire, à la sixième partie de leur longueur, supprimant les cinq sixièmes (48, 68, 69).

169. On aura soin que les deux yeux qui resteront vers l'extrémité de chaque branche, soient tournés le plus en dehors possible (74 et 75), on les garantira des coupe-bourgeons (165).

170. A la pousse, on *ébourgeonnera*, ne laissant que les deux bourgeons à chaque extrémité de branche. A la seconde sève, après la St-Jean, on cessera d'ébourgeonner. (V. 70, 71, 72, 73).

171. Lorsque les bourgeons auront une certaine longueur et qu'on craindra de les voir emporter par les vents, on les liera à des baguettes (164).

172. On les liera aussi pour les tenir évasés ou écartés, s'ils se rapprochaient trop. On cherchera, dans ces premières années, à obtenir une inclinaison des branches de près de 45 degrés ; mais on ne pourra pas toujours y parvenir ; on se contentera d'en approcher (74, 164).

CHAPITRE XII.

Quatrième année. — Seconde taille.

173. Au commencement de mars :

174. On supprime tous les *menus* jets (64, 65).

175. On taille *court* chacune des deux branches, venues l'année précédente sur chaque greffe taillée. On supprime cependant celles qui seraient mauvaises ou qui auraient cru mal placées (46, 68, 69).

176. Comme il est dit pour l'année précédente, on taille sur les deux yeux placés en dehors sur chaque branche. On ébourgeonne et on attache comme il y est expliqué, etc.

CHAPITRE XIII.

Cinquième année. — Troisième taille.

177. Au commencement de mars, on opère absolument comme l'année précédente.

178. Ainsi l'arbre s'étendra toujours en s'évasant, chaque branche se divisant en deux nouvelles branches, toutes les années.

179. Si une des deux pousses avait péri cette année,

ou les précédentes, cela ne porterait aucun préjudice à l'arbre, parce que les bifurcations sont toujours trop rapprochées (62, 63).

180. On fera quelquefois fort bien d'en supprimer dès à présent; mais avec réserve, et progressivement pendant les premières années, afin que l'arbre ne soit pas, durant ce temps, trop dépouillé de branches et de feuilles qui le nourrissent (55).

CHAPITRE XIV.

Sixième année. — Quatrième taille.

181. On se comportera cette année absolument comme la précédente.

182. De plus, si une branche essentielle était beaucoup plus faible que les autres, pour la faire grossir, on ne la taillerait ni ne l'ébourgeonnerait point (87, 88).

CHAPITRE XV.

Septième année. — Cinquième et dernière taille.

183. Cette année, au commencement de mars, on taillera, non pas *court*, mais *long* (49), c'est-à-dire, à la moitié de la longueur des jets d'un an, afin d'obtenir plus de pousses pour y cueillir la feuille l'année suivante.

184. Par cette raison on n'ébourgeonnera point ces branches taillées.

185. Mais on ébourgeonnera toutes les pousses qui sortiraient du vieux bois, ou de plus d'un an, et qui viendraient mettre la confusion dans les branches.

186. Si, comme je l'ai vu souvent arriver, on taillait encore *court*, cette année qui précède celle où l'on cueille la feuille, il en sortirait des pousses, en trop petit nombre, pour fournir de la feuille. Mais le mal le plus grave qui en résulterait serait la longueur démesurée de ces fortes pousses. Devenues jeunes branches l'année suivante, et portant dans toute leur étendue la feuille que l'on cueille, les sous-yeux feraient éclore une multitude de très-petites pousses (80, 81). L'année suivante, ces longues branches ressembleraient à de grands rameaux épineux, qui, chargés d'un trop grand poids jusqu'à leur extrémité, retomberaient courbés en arc. De pareils arbres, quelque vigoureux qu'ils soient, ne peuvent plus faire sortir de ces trop nombreuses petites pousses, que des pousses encore plus multipliées et plus petites. Ils deviennent promptement buissonneux. Pour leur faire prendre une meilleure tournure, il faut les couronner, ce qui leur nuit, et les retarde inutilement. Cet inconvénient n'a pas lieu, en taillant comme je viens de le prescrire.

CHAPITRE XVI.

Du cueillage de la feuille (1).

187. Après cinq ans de taille, et sept ans accomplis depuis la plantation, on peut cueillir la feuille pour les vers à soie.

188. Cependant, il peut arriver que plusieurs arbres ne soient pas encore assez forts pour être dépouillés ; on fera bien de différer quelques années pour les sujets faibles. Je conseille de le stipuler dans les baux à ferme.

189. Il est bon d'observer un certain ordre dans la récolte de la feuille, suivant les espèces d'arbres et leur situation.

190. On ramassera les buissonnées ou pourretiers les premiers, comme fournissant une feuille sauvage, meilleure pour les jeunes vers à soie, et plus précoce.

191. Secondement celle des mûriers ordinaires ou adultes.

192. Puis celle des jeunes mûriers, et pour que la qualité trop aqueuse ne nuise pas aux vers à soie, on l'alternera avec d'autre.

193. Ensuite on ramassera les mûriers placés dans

-----

(1) Le mot cueillette ne me convient pas.

l'endroit le plus chaud du domaine, parce qu'ils repousseront promptement, quoique dépouillés les derniers.

194. Parmi ceux-là, on aura réservé, pour la montée des vers à soie, quelques mûriers de feuille sauvage, ou de feuille maigre de vieux arbres.

195. Pour ramasser les jeunes mûriers, on se servira de l'échelle à pied; on se gardera bien d'y monter dessus.

196. Quant aux autres arbres, on se servira d'échelles ordinaires. On ne montera sur les branches que *pieds nus*, ou avec des souliers fortement *empaquetés* de linge.

197. J'ai remarqué, en effet, qu'un grand nombre de mûriers, sur lesquels on avait monté avec des souliers ou des sabots, avaient leur écorce noircie, se détachant dans les principales bifurcations, et partout où les pieds avaient porté. De là, une maladie qui gagne les branches, et l'arbre meurt.

198. On ne sera point étonné de cet effet funeste, si l'on considère, qu'à l'époque où l'on cueille la feuille, les mûriers sont en pleine sève, de sorte que leur écorce se sépare aisément du bois.

199. Une autre circonstance fâcheuse, qu'il est souvent difficile d'éviter, c'est la mouillure de la pluie, pendant qu'on ramasse la feuille : elle lave et fait épancher la sève. On pourra souvent parer à cet inconvénient, en ayant toujours de la fenille cueillie d'avance, enfermée dans un local bien frais. Dandolo nous apprend qu'ayant

perdu un peu de sa trop grande vitalité, elle est meilleure pour les vers à soie.

200. C'est ici le lieu de bien recommander de ne point défeuiller les mûriers, en automne, pour les bestiaux, ni de l'abattre à coups de gaule. Elle est encore fort bonne à recueillir, lorsqu'elle est tombée naturellement. Elle est destinée à déposer sa dernière sève dans les boutons qu'elle nourrit; et l'on nuit à la perfection de ces derniers, en l'enlevant trop tôt.

CHAPITRE XVII.

De l'élagage des mûriers après la récolte de la feuille.

201. On a vu *qu'élaguer* n'est pas *raccourcir* les branches, mais les *supprimer* à leur base, ras la branche d'où elles sortent (46); c'est *émonder*, *nettoyer*.

202. Dès qu'un arbre a été dépouillé de ses feuilles, on doit l'élaguer, sans attendre plus tard : les nouveaux jets seraient altérés, si déjà ils se montraient.

203. *Elagage des jeunes arbres.* Durant les trois ou quatre premières années, après la récolte, on supprime aux jeunes arbres les trop petites pousses, qui ne peuvent pas les grandir, et qui les rendraient confus et buissonneux. On forme l'arbre en gobelet, monté sur deux ou trois branches principales. (V. 61). Si une branche trop vigoureuse domine les autres, on l'arrête, en la raccourcissant (88).

204. Si les bifurcations sont trop rapprochées les unes des autres, et par là diminuent trop la grosseur des branches-mères (62, 63, 86, 179), à l'élagage, on pourra supprimer quelques-unes de celles qui seraient trop multipliées. On peut laisser les bifurcations sur les grosses branches, à un mètre environ les unes des autres, dans le bas; mais dans le haut de ces branches, on les laissera bien plus rapprochées. S'il y en avait un certain nombre à supprimer, qui eussent quelque grosseur, on opérerait en plusieurs années, pour ne pas trop mortifier l'arbre. On a vu, à la fin du n° 55, que les boutons et successivement les branches implantées sur un arbre, y ont pour ainsi dire leur racine; ce sont les fibres qui descendent de leur base. Lorsqu'on coupe une branche déjà grosse, on altère nécessairement ces fibres. Il ne faut donc laisser grossir sur un arbre que les branches que l'on sera dans le cas de conserver.

205. *Elagage des arbres adultes.* On les élaguera tous les deux ans. On supprimera 1° tous les bois morts; 2° toutes les branches mal placées, gâtées, brisées, confuses.

206. Si, employant beaucoup de temps, on pousse cet élagage jusqu'aux petites branches trop buissonneuses (78, 79), on fera une opération excellente, pourvu qu'on en laisse à l'arbre une quantité suffisante pour le maintenir dans une régulière végétation. Les tailleurs d'arbre, armés de leur serpe, coupent et taillent à tort et à travers ; pour abréger le travail , ils mutilent les arbres et les dénudent. Cette opération doit principalement être faite à la serpette par un homme adroit.

207. Mais dans la culture en grand , et sur de grands arbres, le travail est bien considérable. Dans ce cas, on renouvelle un arbre buissonneux en le couronnant loin , au commencement de mars , ainsi qu'on l'expliquera n° 214 et suivants.

208. Lorsqu'on ne cueille pas encore la feuille des jeunes arbres , il faut évaser leurs branches , qui tendent à se rapprocher en montant verticalement. Au contraire, les branches des mûriers dont on cueille la feuille depuis plusieurs années , tendent à retomber dans le pourtour. Il faut, à l'élagage , supprimer celles qui pendent trop , mais non les raccourcir, ce qui serait une nuisible et désagréable mutilation. Il faut élaguer les arbres de manière à ce que les retranchements faits aux arbres , étant pratiqués aux bifurcations , soient le moins apparents qu'il se pourra. Le goût entre pour beaucoup dans ce travail.

209. On commence l'opération de l'élagage par le bas, vers le tronc, remontant aux branches. Mais, on le répète, le tailleur d'arbre est toujours porté à de trop considérables retranchements, qu'il faut que la surveillance du maître vienne empêcher. Il y aura, le plus souvent, fort peu de chose à faire. On se servira de l'échelle et de souliers de lisières , ou empaquetés (196, 197, 198).

210. Pour les jeunes arbres, on emploie la scie à couteau (103) et la serpette, et quelquefois le sécateur (107). Pour les grands arbres, on se sert de la *scie à fût*, du ciseau, de la serpe. On interdit ce dernier instrument à l'homme peu adroit (104, 105, 106); on recalle (112).

211. Lorsqu'un arbre a été *couronné* l'année précédente, il ne faut presque pas y toucher après qu'on en a cueilli la feuille; parce que s'il était, par de nouvelles amputations, trop diminué d'étendue, deux ans de suite, il n'aurait pas assez de feuille, pour préparer et travailler la sève, qui est nécessaire pour nourrir le bois, et les longues racines dont il est pourvu (55). Je ne parle point des pays méridionaux, où la végétation est plus longue et plus active.

212. Mais lorsqu'il y a deux ans que l'arbre a été couronné, on l'élague considérablement, après la récolte de la feuille. Cette opération se fait avec le ciseau et le maillet (106), se servant d'une grande échelle. On supprime les deux tiers ou les trois-quarts des branches, à leur naissance sur les branches couronnées (1). On y reviendra même les années suivantes, jusqu'à ce que l'arbre soit bien formé. Si on négligeait cet élagage, comme il

____

(1) C'est-à-dire, que les branches qu'on abat ont deux ans.

arrive souvent, devenant plus buissonneux qu'auparavant, l'arbre ne tarderait pas à périr, manquant d'air dans un branchage trop serré.

213. A cet élagage on recoupera tous les chicots de bois morts, au bout des branches couronnées, afin qu'ils se recouvrent.

CHAPITRE XVIII.

Couronnement des arbres buissonneux.

214. Quand un grand arbre devient buissonneux, c'est-à-dire, qu'il ne pousse qu'une multitude de très-petits jets, il a moins de feuille, et le cueillage en est difficile (80, 81). Comme il serait bien long, dans la culture en grand, de supprimer toutes les petites pousses superflues, à la serpette, on le *couronne loin*, pour renouveler ses branches (82, 83).

215. On a vu n° 51 que couronner loin c'est raccourcir à leur extrémité, à la grosseur du poignet, plus ou moins, toutes les branches qui ont cette grosseur, et supprimer toutes les autres plus petites que cette dimension.

216. Une attention essentielle qu'il faut avoir, et que beaucoup de gens n'ont pas, c'est de ne point couper la branche dans un endroit lisse, mais au-dessus d'un nœud, ou après une bifurcation, laissant, dans ce second

cas, deux cornes de quatre à cinq centimètres, au bout de la branche. Si, au contraire, on coupe dans un endroit lisse, le bout de la branche meurt souvent jusqu'au nœud inférieur; tandis que si le nodus ou la bifurcation sont à l'extrémité, il en sort les plus beaux jets (82, 83).

217. On ne couronne loin les arbres que tous les 6, 8 ou 10 ans, suivant le besoin. Trop souvent leur nuit dans nos contrées tempérées. L'arbre qu'on couronnerait tous les ans, ou tous les deux ans, comme dans le midi, semblable à un tronc d'osier, ne prendrait pas assez d'accroissement.

218. On doit faire cette opération à la fin de février ou au commencement de mars. Souvent, comme dans le midi, on ne couronne qu'après avoir cueilli la feuille. Cette pratique est tout à fait pernicieuse dans nos régions tempérées. L'arbre, épuisé par sa première pousse, a vu s'éteindre la plus grande partie des germes cachés des pousses du vieux bois; celles qui sortent ensuite sont chétives, et, se trouvant encore herbacées aux premières gelées, elles meurent, ou sont altérées. Il faut absolument sacrifier la feuille l'année du couronnement : aussi, n'est-il pas nécessaire de couronner les arbres qu'à de longs intervalles. On peut insérer dans les baux à ferme que le propriétaire aura le droit de faire couronner chaque année un dixième des arbres adultes, si toutefois il le juge nécessaire, et cela, en février ou mars.

219. Deux ans après, on élague de la manière prescrite n°s 211, 212, 213.

220. Pour couronner les arbres, on se sert de la scie à fût, et du ciseau ou de la serpette pour recaler. La coupe de la serpe fait des esquilles, des entailles, des onglets qui ne se recouvrent pas. V. le chapitre des outils, n° 101 et suivants.

CHAPITRE XIX.

Des pourretiers.

221. On nomme ainsi les espaces de terrain consacrés aux mûriers nains.

222. On a vu, dans le chapitre de la pépinière, comment je les plante, coupant très-peu aux racines, ne les ébourgeonnant point, à partir du bas, afin d'y laisser dans l'écorce des nodus ou des yeux cachés, qui sont des points de vitalité implantés sur toute la tige, ce qui permet de les receper ou rabattre, plus ou moins près de terre, pour les renouveler, lorsque la sève abandonne des branches ou une tige couvertes de nombreuses cicatrices et de coupes en bois mort (82, 83).

223. On a vu que je les plante à trois mètres de distance (plus près, si le sol est mauvais).

224. Quand je puis juger de la qualité de la feuille, j'en greffe quelques-unes, celles dont la feuille est trop lobée ou découpée.

225. A un mètre de terre, je divise la pourrette en deux bras, étendus avec une inclinaison de moitié plus que 45 degrés de chaque côté, formant un Y bien plus ouvert que cette lettre. Je dirige ces bras en travers de la pente du terrain, afin de cultiver par le labour, n'ayant à fosser à la main qu'au pied des rangées.

226. Successivement, d'année en année, j'étends ces deux branches jusqu'à toucher celles des pourrettes voisines, et pouvoir même être liées ensemble. Ces deux branches-mères, ainsi que le tronc, fourniront les jets. Les pourrettes ainsi dressées, semblables à des oseraies, seront taillées tous les deux ans, immédiatement après la feuille cueillie. On coupera ras de la branche ou du tronc, laissant néanmoins le bourrelet qui est à la base des branches coupées, bourrelet d'où doivent sortir les nouveaux jets. Mais on ne laissera point, comme le font beaucoup de cultivateurs, des chicots ou tronçons de branches, de plusieurs centimètres, qui finissent par couvrir les pourrettes d'une enveloppe de bois mort.

227. Ces pourrettes ne seront jamais ébourgeonnées, et donneront une grande hauteur de feuillage, qu'on récoltera avec l'échelle à pied.

228. On établit aussi des pourretiers en *arbres nains mi-vent.* Ils sont plus faciles à cultiver, en tous sens, avec la charrue, sans être gênés par les pousses. On peut y employer de grandes pourrettes greffées (123); on les place à 4 ou 5 mètres de distance les uns des autres, bien en lignes, et carrément. On pourrait aussi les mettre en quinconces bien réguliers, se cultivant en biais. A un mètre et demi ou deux mètres de hauteur, quatre branches, évasées en gobelet, partent du tronc, ayant environ 45 degrés d'inclinaison; on leur donne une longueur suffisante pour se toucher. On n'ébourgeonne point. On taille tous les deux ou trois ans. On cueille la feuille avec des échelles convenables. Ce que cette plantation offre de plus avantageux, c'est de pouvoir y labourer dessous avec un cheval, toutes les fois qu'il en est besoin, ou que la moindre herbe s'y montre. De cette manière, on a beaucoup de feuille. Je conseille d'y greffer la feuille sauvage non lobée, dont j'ai parlé n° 28; mais il faut qu'un pareil pourretier, dont les pousses sont plus éloignées de terre, soit dans un endroit chaud et abrité, et qu'on en cueille la feuille de bonne heure, pour que les jets aient le temps de repousser après la taille.

CHAPITRE XX.

Couronnement des arbres qui sont malades.

229. Quand un arbre languit, on pourra quelquefois le raviver, en le *couronnant court* (50); c'est raccourcir de plus de moitié les grosses branches de l'arbre, et supprimer toutes les autres plus menues.

230. Ce couronnement se fait en février ou au commencement de mars, et avec les mêmes précautions que le précédent. Voyez chapitre 19, n° 216 et autres.

231. Il est de grands arbres qui, sans être précisément malades, offrent de longues branches, pleines de nœuds et de vieilles coupes ; la sève se lasse d'y couler, ils sont près de finir ; par le couronnement court, on prolonge souvent leur durée pendant de très-longues années. Après une grosse grêle, le couronnement en février est aussi très-utile, etc.

232. Au mois de septembre, on fera bien, pendant que les arbres sont encore feuillés, de vérifier ses mûriers, pour désigner et marquer ceux qui auront besoin du couronnement en février ou mars suivant.

233. En terminant, je ne retracerai pas le *résumé* des opérations que je prescris pour gouverner les mûriers, on peut le revoir n° 92 et suivants.

Mais je répéterai au cultivateur, que le mûrier, qui aime la chaleur, craint la sécheresse aux racines ; il a besoin de beaucoup de labours, dès avant l'été, pour lui conserver la fraîcheur du terrain, et lui procurer les influences bienfaisantes de l'atmosphère. Le défaut de culture en fait périr un plus grand nombre qu'on ne pense.

Il est surtout un point essentiel à la conservation des arbres, c'est l'éloignement des prairies artificielles, à une distance au moins double de leur hauteur.

Je me propose de publier bientôt un *résumé* du traité de Dandolo sur les vers à soie, pour servir de Manuel très-abrégé, à l'éducateur qui aura déjà étudié cet auteur.

J'y ajouterai quelques développements sur les moyens de rendre divers locaux ruraux, tels que greniers à foin, propres à servir de magnanerie, sans nuire à leur destination première. Je m'étendrai surtout sur la *Ventilation*, dont la connaissance est si nécessaire à la réussite des vers à soie.

CALENDRIER

DU CULTIVATEUR DE MURIERS,

INDIQUANT LES TRAVAUX A FAIRE DURANT CHAQUE MOIS.

NOTA. Les numéros renvoient à ceux de l'ouvrage.

Janvier.

Faire des trous d'arbre, 149 et suivants.
Défoncer ou miner le terrain, 129.

Février.

Couronner — les arbres buissonneux, 214 et suivants;
— les arbres malades, 229 et suivants.
Receper — les pourrettes, 122, 139 ; les vieilles, 222.
Tailler les tiges à la hauteur voulue, 144, 145.

Mars.

Planter — des pourrettes, 130, etc.; — des arbres, 149, etc.
Tailler — les arbres, 166, etc., 173, 179, 183, etc;
— les pourrettes, 226.

Avril.

Cueillir des greffes, 161.

Semer, 117.

Ebourgeonner — les pourrettes, 123, 141, 144, 145;
— les arbres, 162, 170, 176, 184, 185.

Coupe-bourgeons — les détruire, 165.

Cueillir la feuille — des pourrettes, 140; des arbres, 187, etc.

Arroser, sarcler, biner les pourrettes, 121

Mai.

Greffer — des pourrettes, 124, 224; — des arbres, 159, etc.

Ebourgeonner — les pourrettes, 123, 141, 144, 227;
— les arbres, 162, 170, 176, 184, 185.

Coupe-bourgeons — les détruire, 165.

Attacher les pousses, 164, 171, 172.

Cueillir la feuille — des pourrettes, 140.
des arbres, 187, etc., 219.

Tailler les pourrettes, 140, 226.

Elaguer — les pourrettes, 144, 225.

Juin.

Ebourgeonner — les pourrettes, 123, 144, 145 ;
            — les arbres, 162, 163, 170, 176,
184, 185.
Cueillir de la feuille, 187, etc. , 219.
Elaguer les arbres , 201 , etc.
Attacher les pousses, 164, 171, 172.

Juillet.

Ebourgeonner — les pourrettes , 141
Cueillir de la graine de mûrier , 118.

Août.

Cueillir de la graine de mûrier , 118
Ebourgeonner les pourrettes , 141, 145.

Septembre.

Visiter les mûriers à couronner , 232.

Octobre , novembre , décembre.

Faire des trous d'arbre, 149, etc.
Défoncer ou miner le terrain , 129.

TABLE DES CHAPITRES,

OU TABLEAU DE LA DIVISION DE L'OUVRAGE.

FIN
BIBLIOTHEQUE ROYALE

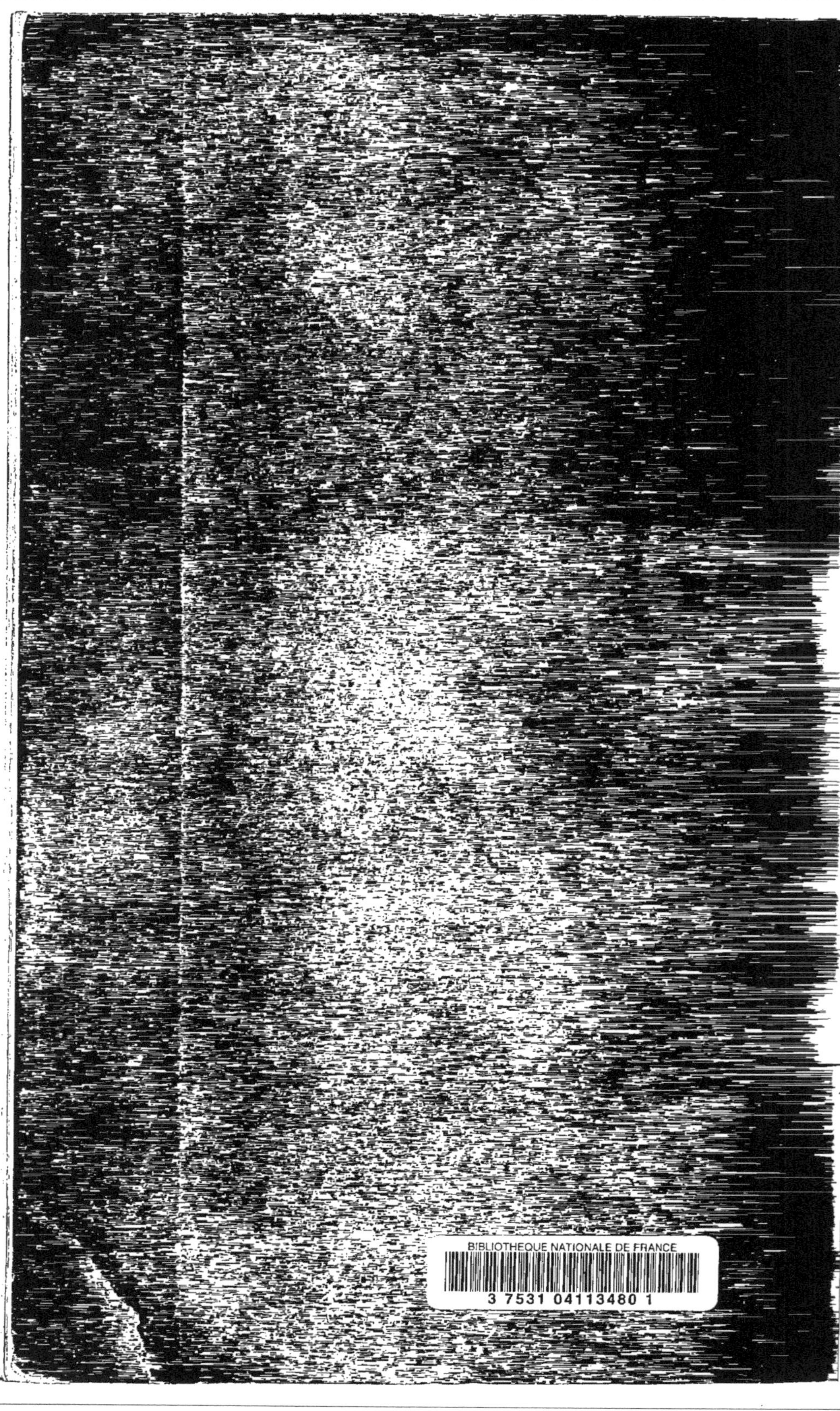
BIBLIOTHEQUE NATIONALE DE FRANCE

3 7531 04113480 1

www.ingramcontent.com/pod-product-compliance
Ingram Content Group UK Ltd.
Pitfield, Milton Keynes, MK11 3LW, UK
UKHW020951140726
13695UKWH00003B/1333